BEI GRIN MACHT SICH IHR WISSEN BEZAHLT

- Wir veröffentlichen Ihre Hausarbeit, Bachelor- und Masterarbeit

- Ihr eigenes eBook und Buch - weltweit in allen wichtigen Shops

- Verdienen Sie an jedem Verkauf

Jetzt bei www.GRIN.com hochladen und kostenlos publizieren

Martin Doskoczynski

Klimatische Gliederung Mitteleuropas heute

GRIN Verlag

Impressum:

Copyright © 2005 GRIN Verlag GmbH
Druck und Bindung: Books on Demand GmbH, Norderstedt Germany
ISBN: 978-3-640-11654-6

Department für Geo- und Umweltwissenschaften
Sektion Geographie
Lehrstuhl für Geographie und Geographische Fernerkundung

Proseminar „Physische Geographie Mitteleuropas"
SS 2005

Klimatische Gliederung Mitteleuropas heute

Verfasser: Martin Doskoczynski

Studiengang: Dipl. Wirtschaftsgeographie

Fachsemester: 08

1 Einleitung

Europa ist praktisch die in den Atlantik hereinragende Halbinsel des eurasischen Kontinents. Dieser Erdteil ist sehr eng mit dem Meer verbunden, sowohl im physisch als auch im anthropogeographischen Sinne. Auf mehr als der Hälfte der Fläche gibt es keine Ortschaft, die weiter entfernt als 300 km vom Meer liegt. Orte die weiter als 600 km von der Küste entfernt sind, gibt es praktisch nur in dem Teil Europas, das östlich der polnischen Grenze liegt (vgl. BÄR, O. (1977): 10). Folglich gilt besonders für Mitteleuropa, dass dieser Kontinentteil von einer ausgesprochen atlantischen Natur ist.

Es wäre jedoch irreführend zu behaupten, Mitteleuropa sei in seiner Klimabeschaffenheit ein einheitlicher Kontinent. Wer z.B. mit dem Auto von Amsterdam über Berlin nach Warschau fährt, wird feststellen, dass sich innerhalb dieser mehreren hundert Kilometer die klimatischen Bedingungen sehr stark verändern, obwohl die Breitenkreislage praktisch identisch bleibt.

Das Ziel dieser Arbeit ist es, dem Leser einen Einblick in die klimatische Gliederung Mitteleuropas zu verschaffen. Mitteleuropa ist kein gleichbeschaffener Kontinentteil, sondern lässt sich in zahlreiche geomorphologische Einheiten gliedern, die zusätzlich zur Breitenlage und der Lage zum Meer äußerst ausschlaggebend für die klimatische Gliederung sind.

Die Aufgabe dieser Arbeit ist es nicht den Begriff „Mitteleuropa", aus welcher Sicht auch immer, zu diskutieren. Deshalb steht im Zentrum der Betrachtung Deutschland, als „Herz Mitteleuropas", und im weiteren Sinne seine angrenzenden Staaten. Die Gliederung erfolgt nach dem Schema der klimarelevanten Einflussfaktoren.

2 Klimageographische Ausgangslage

2.1 Breitenkreislage

Die Breitenkreislage ist das Element, welches das Strahlungsklima eines Raumes bestimmt. Der mitteleuropäische Raum liegt in den höheren Mittelbreiten. Seine Längserstreckung liegt im Bereich von etwa 8 Breitengraden. Das mag nicht viel erscheinen, ist für das Strahlungsklima v.a. in den höheren Mittelbreiten jedoch von einer großen Bedeutung. Der Unterschied in der

Mittagssonnenhöhe beläuft sich zwischen Norddeutschland und Süddeutschland auf etwa 7,5°. Daraus resultiert ein Unterschied in der Sonnenscheindauer von etwa einer Stunde.

Aus der planetarischen Lage Mitteleuropas ergibt sich ein ausgeprägter Jahresgang der Einstrahlung und, damit verbunden, die vier sehr markanten Jahreszeiten. Summiert man unter Berücksichtigung der Bewölkungsverhältnisse die jährliche solare Einstrahlung, erhält man bei langjährigen Messreihen die sog mittleren Jahressummen der Globalstrahlung. Diese geben am besten die Strahlungsverhältnisse wieder. Abb. 1 verdeutlicht den Strahlungshaushalt in Mitteleuropa am Beispiel Deutschlands. (vgl. WEISCHET, W.; ENDLICHER, W. (2000): 31-35)

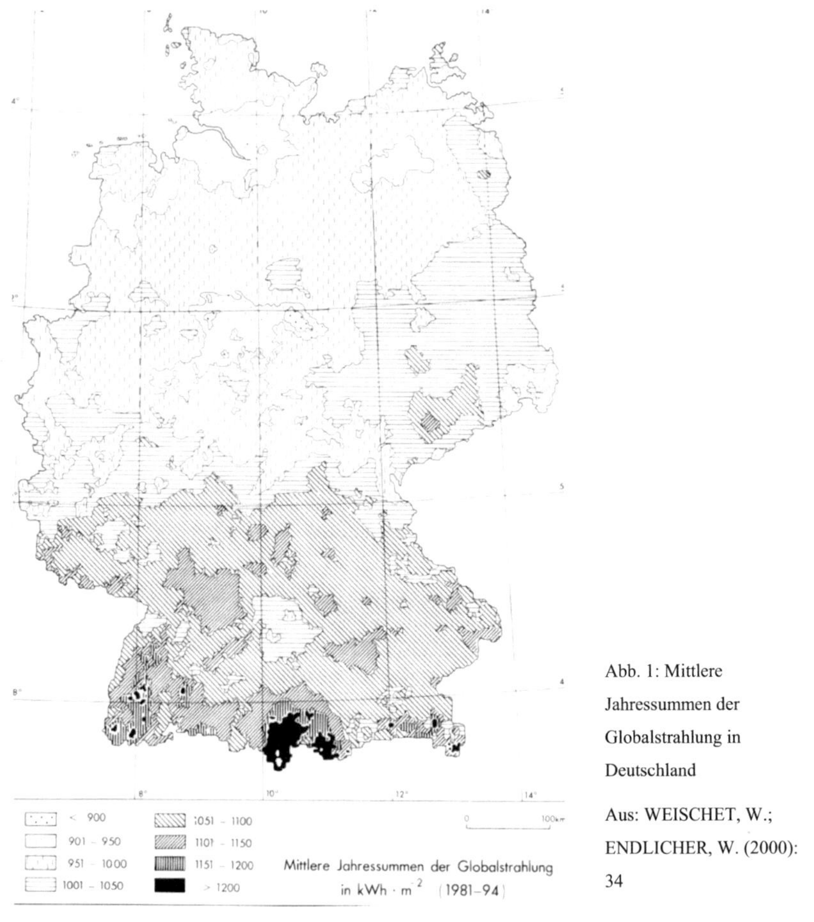

Abb. 1: Mittlere Jahressummen der Globalstrahlung in Deutschland

Aus: WEISCHET, W.; ENDLICHER, W. (2000): 34

2.2 Luftmassen und Großwetterlagen

Mitteleuropa liegt in den höheren Mittelbreiten, was bedeutet, dass es im statistischen Mittel ganzjährig unter dem Einfluss der Westwinddrift steht. Hier werden entlang der Polarfront Luftmassen unterschiedlicher Herkunft in Zyklonen verwirbelt, wobei es an ihren Fronten zu Bewölkungs- und Niederschlagsereignissen kommt (vgl. WEISCHET, W.; ENDLICHER, W. (2000): 36). Die Luftmassen, die für Mitteleuropa klimabestimmend sind, hat SCHERHAG (1948) charakterisiert, wobei er zusätzlich zu ihrem Ursprungsort, auch den Transportweg nach Mitteleuropa berücksichtigt hat. Die Hauptluftmassen, sind entweder Tropikluft (T), oder Polarluft (P). Dies können jeweils sowohl maritimen (m), als auch kontinentalen (c) Ursprungs sein. Daneben hat er die Charakterisierungen mit Indizes versehen, die darauf hinweisen, ob es sich um Luftmassen aus der Sahara (S), oder der Arktis (A) handelt. So wird die maritime Polarluft arktischen Ursprungs mit „mP_a" bezeichnet, die kontinentale Tropikluft aus der Sahara „cT_s" (vgl. LAUER, W. (1999): 164).

Die Hauptluftmassen treffen in europäischen Breitenkreisen aufeinander, was zum Ausgleich des Energiehaushaltes der Erde führt. Die atmosphärische Zirkulation ist dabei abhängig von der Lage der subpolaren Tiefdruckrinne und der subtropischen Hochdruckzelle. Das sind die beiden Zentren, deren Lage zueinander den Verlauf der Frontalzone über (Mittel-) Europa steuert. Deren Verlauf und Ausprägung bestimmen den Witterungscharakter über Mitteleuropa (vgl. LAUER, W. (1999): 164). Witterungsperioden, die sich stabil über mehrere Tage halten und das Wetter in Mitteleuropa bestimmen, liegen bestimmte Luftdruck- und Strömungsverhältnisse zu Grunde. Diese wurden nach dem System von Großwetterlagen (GWL), bzw. Großwettertypen (GWT) durch HESS und BREZOWSKY (1952, 1977) für Mitteleuropa charakterisiert und geordnet (vgl. HENDL, M. (2002): 26). In der heute beim Deutschen Wetterdienst üblichen Klassifikation gibt es 29 GWL, die zu 8 GWT (Abb. 2) zusammengefasst werden. Die häufigsten auftretenden GWL sind mit Abstand die Westlagen, denen folgen die Hochdrucklagen über Mitteleuropa, danach die Ostlagen und die Nordlagen. Mit den Westlagen ist ein Durchzug von Zyklonen durch Mitteleuropa verbunden, was wechselhaftes Wetter mit Niederschlag und dem Einwirken atlantischer Luftmassen bedeutet. Bei den Hochdrucklagen, speziell beim „Hoch über Mitteleuropa" erfährt der Teilkontinent ein sog. „Strahlungswetter", was im weiteren Sinne mit Schönwetter gleichzusetzen ist.

Wetterlagen	DezFeb.	Mrz.-Mai	Jun.-Aug.	Sep.-Nov.	Jahr
Westlagen	29,0	21,9	31,4	27,5	27,5
Nordwestlagen	7,9	7,4	13,9	7,5	9,2
Nordlagen	11,9	20,1	18,0	14,9	16,2
Südwestlagen	4,7	1,9	0,8	3,8	2,8
Südlagen	7,8	7,2	6,3	9,6	7,7
Ostlagen	17,1	22,7	10,7	13,5	16,0
Hoch Mitteleuropa	18,9	13,9	16,0	20,5	17,3
Tief Mitteleuropa	2,4	4,1	2,1	2,1	2,7
Übergänge	0,3	0,8	0,6	0,6	0,6
Summe [in %]	100,0	100,0	100,0	100,0	100,0

Abb.2: Häufigkeiten der Großwetterlagen in Deutschland

Aus: LAUER, W. (1999): 165

2.3 Besonderheiten und Charakterisierung des Klimas in Mitteleuropa

In Mitteleuropa wird das Klima weniger durch die Breitenlage bestimmt, sondern vielmehr durch die geographische Lage an der zum Atlantik gewandten Westseite des eurasischen Großkontinents. Wie aus dem Punkt 2.2 ersichtlich ist das wichtigste Klimaelement, die feuchten, im Winter erwärmenden, im Sommer kühlenden Westwinde. Diese kommen vom Atlantik und können aufgrund fehlender größerer meridionaler Schranken (Hochgebirge, wie z.B. in Amerika) Mitteleuropa ungehindert überfluten. Eine weitere Besonderheit ist die Wärmeenergie des Atlantiks, der erheblich höher ist, als es seiner Breitenkreislage entspricht. Der nord-östliche Atlantische Ozean wird vom Golfstrom beheizt, der seinen Ursprung im Golf von Mexiko hat. Diese Meeresströmung bewegt sich Richtung Nordosten, und ist so mächtig, dass sich ihr Einfluss auch noch in Spitzbergen bemerkbar macht (vgl. LEHMANN (Hrsg.) (1978): 22). Der Golfstrom dient als „Heizung" Europas und ist ein Grund, warum das Klima in Mitteleuropa wärmer und milder ist, als auf anderen Kontinenten in dieser Breitenkreislage (z.B. Jahresdurchschnittstemperatur in Rom ca.3° höher als in New York, bei gleicher Breitenkreislage).

Das mitteleuropäische Klimagebiet gilt als ein typisches Übergangsklima zwischen dem westeuropäischen, sowie dem ost- und nordeuropäischen Klimagebiet. Es ist stark abhängig von der vorherrschenden Wetterlage, die entweder für eine maritim geprägte Witterung des westeuropäischen Typs, oder eine kontinental geprägte Witterung des ost- und nordeuropäischen Typs sorgt. Bei der Klassifikation von LAUER und FRANKENBERG (1987) verläuft folglich die Grenze zwischen dem kontinentalen, warmgemäßigten, semihumiden Klima der Mittelbreiten (CI2sh) und seinem maritimen Pendant (CI3sh) praktisch genau durch Mitteleuropa, bei allen anderen Klassifikationen wird dieser Raum im Vergleich dazu klimatisch als einheitlich dargestellt. Die Alpen bilden jedoch stets einen eigenen klimatischen Raum (vgl. WESTERMANN (Hrsg.) (2002): 220-223).

Welche Klassifikation man auch immer betrachtet: der mitteleuropäische Raum lässt sich zweifelsohne zusätzlich weiter untergliedern.

3 Klimatische Untergliederung Mitteleuropas

3.1 Auswirkungen des Reliefs – Nord-Süd-Gliederung

Zusätzlich zu der Breitenkreislage eines betrachteten Raumausschnitts in Mitteleuropa (vgl. dazu Kap. 2.1), ist ebenfalls die Lag

e im Relief zu berücksichtigen. Der Tendenz der Temperaturzunahme aufgrund zunehmender Einstrahlung von Nord nach Süd, ist eine Temperaturabnahme in derselben Richtung, wegen zunehmender absoluter Höhe über dem Meeresspiegel, entgegengerichtet. So beträgt diese Temperaturabnahme im Mittel 0,5-0,7°C pro 100 Höhenmeter. Die Mittelgebirge haben zusätzlich dazu ihre eigenen thermischen Höhenstufen, was sich in der Vegetation und in der Verschiebung phänologischer Phasen äußert (vgl. WEISCHET, W.; ENDLICHER, W. (2000): 52).

Beachtlich sind die Luv-Lee-Effekte, die in ihrer schwacher Ausprägung sogar bei Höhenunterschiedenen von 150 m (Fläming im Norddeutschen Tiefland) erreicht werden. Dass diese ab der Mittegebirgsschwelle sehr viel verstärkter auftreten, liegt auf der Hand. In Nord(west-)Deutschland ist aufgrund seiner Lage zur vorherrschenden Strömungsrichtung, die Anzahl der vorbeiziehenden Zyklonen wesentlich höher als in südlichen Teilen. Zusätzlich fehlen natürliche Barrieren gänzlich. V.a. im Winterhalbjahr führt der hohe Wasserdampfgehalt der maritimen Luftmassen zu einer stärkeren Bewölkung und somit zu niedrigeren Strahlungs- und Temperaturwerten. Von Frühjahr bis Sommer sind weniger die nördlichen Teile von starker Bewölkung betroffen, sondern eher die Nordränder der Mittel- und Hochgebirge (Nordrand der Mittelgebirgsschwelle, Stufenländer Süddeutschlands und Alpennordrand) da sich hier aufgrund des Luv-Effektes Staubewölkung bildet. Umgekehrt sind tiefe Täler der großen Flüsse wie Elbe, Weser, Main und Donau bei dieser Situation in einer strahlungs- und temperaturbegünstigten Lage (wichtig für Pflanzenwachstum). Dasselbe gilt für Beckenlagen, v.a. für das oberrheinische Tiefland, welches in dieser Situation äußerst strahlungsbegünstigt ist. Für die höheren Lagen der

Mittelgebirge (ab ca. 800 m NN) gilt im Allgemeinen, dass sie im Winter strahlungsbegünstigt sind, da sie oberhalb der Temperaturinversion liegen, welche die adiabatisch erwärmte Höhenluft der freien Atmosphäre von den Kaltluftseen in Tälern und Becken trennt. Im Sommer erzeugt die Einstrahlung auf die hochgelegenen Heizflächen Konvektionsbewölkung, die folglich zur Verminderung des Einstrahlungsniveaus führt (vgl. WEISCHET, W.; ENDLICHER, W. (2000): 52). Die Abbildung 3 macht den Zusammenhang zwischen Höhenlage, Jahreszeit und Einstrahlung für einen kleinräumigen Ausschnitt deutlich.

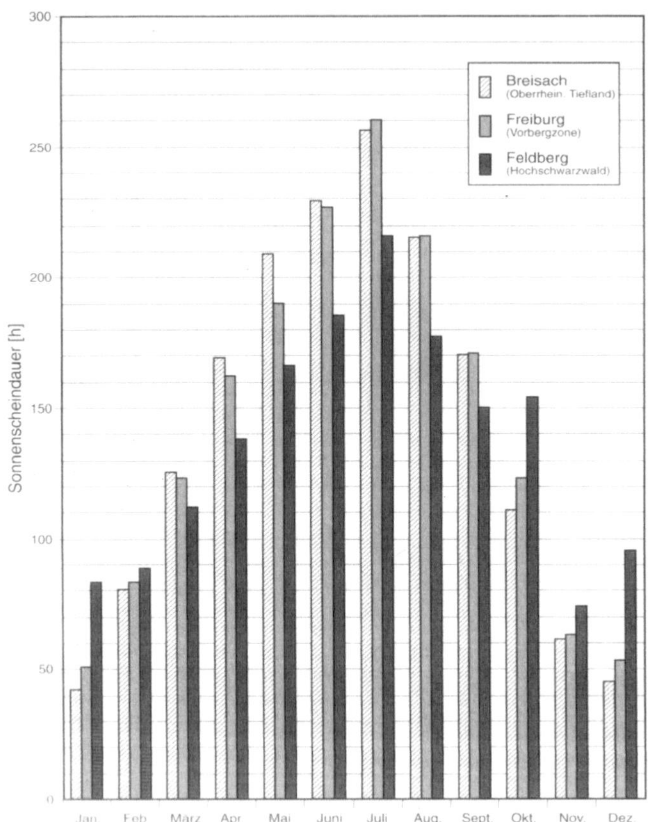

Abb. 3: Mittlere monatliche Sonnenscheindauer im Vergleich von Breisach, Freiburg und Feldberg

Aus: WEISCHET, W.; ENDLICHER, W. (2000): 53

Die thermischen Gunst- und Ungunsträume, lassen sich durch einen Vergleich der Januar- und Julitemperaturen bestimmen. Im Sommer sind die südlichen Teile Mitteleuropas wärmer als

7

der Norden. Im Winter kehrt sich das Verhältnis um, so dass v.a. der Nordwesten thermisch begünstigt ist. Eine Ausnahme bildet stets das Oberrheinische Tiefland, das aufgrund seiner südlichen Lage und tiefer Einsenkung zwischen den Mittelgebirgen, ganzjährig ein thermischer Gunstraum ist (vgl. WEISCHET, W.; ENDLICHER, W. (2000): 54-55). Dieser bildet ein durch die Relieflage verursachtes, absolutes Unikum in der klimatischen Gliederung Mitteleuropas (vgl. WESTERMANN (Hrsg.) (2002): 46). Das Gebiet wird klimatisch in erster Linie durch den Gegensatz zwischen tiefer Grabsenke (ca. 200 m NN) und den Mittelgebirgen am Rand geprägt. Die Vogesen bilden in diesem Fall eine natürliche Niederschlagsbarriere, so dass das Gebiet auf der Leeseite aufgrund der fehlenden Bewölkung oft strahlungsbegünstigt ist. Zusätzlich dazu erhöht der warme Fallwind aus den Vogesen die Temperatur und begünstigt wiederum die Wolkenauflösung. Die Niederschlagsverhältnisse werden durch die Tatsache verdeutlicht, dass in den Südwestvogesen teilweise Niederschlagssummen von über 2000 mm/a erreicht werden, während im Regenschatten, also im westlichen Oberrheingraben Werte um etwa 600 mm/a vorherrschend sind. Freiburg im Breisgau erreicht bereits 944 mm/a, da es am Fuße der Luvseite des Schwarzwaldes liegt, welcher die nächste Niederschlagsbarriere darstellt (vgl. HENDL, M. (2002): 86-92).

Zusätzlich zur Temperatur, hat das Relief, wie bereits erwähnt, natürlich v.a. einen Einfluss auf den Niederschlag. Die dem Atlantik zugewandte Seiten der (Mittel-) Gebirge kommen in den Genuss erheblich höherer durchschnittlicher Niederschläge als ihre niveaugleichen, doch dem Atlantik abgewandten Gegenseiten und ihre Vorländer (vgl. HENDL, M. (2002): 76). Die Witterungsgestaltung hängt hierbei ab von der Streichrichtung der Mittelgebirge und der vorherrschenden Großwetterlage. Bei Gebirgen mit rhenanischer Streichrichtung (z.B. Vogesen, Odenwald, Schwarzwald) ist die Westabdachung besonders kräftigen Staueffekten ausgesetzt, da in Mitteleuropa die Westwetterlagen vorherrschend sind. Im Falle der variskischen (rheinisches Schiefergebirge, Erzgebirge) und herzynischen (Harz, Böhmer Wald, Thüringer Wald) Streichrichtung, verzeichnen die Gebirge bei zyklonalen Südwestlagen ausgeprägte Staueffekte. Dementsprechend sind die charakteristischen Leegebiete das Oberrheinische Tiefland, Rheinhessen, die Wetterau, die Kölner Bucht, das Thüringer Becken, sowie die Magdeburger Börde (vgl. WEISCHET, W.; ENDLICHER, W. (2000): 56).

3.2 Die Lage im Verhältnis zwischen Ozeanen und Landmassen – West-Ost-Gliederung

Wie im Punkt 2.3 angedeutet, befindet sich Mitteleuropa im Übergangsraum zwischen den maritimen Klimaten des Westens und kontinentalen Klimaten Osteuropas. Die Folge ist im Allgemeinen eine Abnahme der Niederschlagsmengen von West nach Ost, sowie eine Erhöhung der Temperaturamplitude im jahreszeitlichen Gang. Um dies eindeutig festzustellen sollte man sich an die in der Einleitung angesprochene „Autofahrt" von Amsterdam nach Warschau erinnern, und sich an drei Klimastationen die einzelnen Werte ansehen. Die folgenden Klimastationen scheinen optimal, da sie praktisch auf gleicher geographischer Breite liegen (Einstrahlung), alle in der mitteleuropäischen Tiefebene, ohne dem Einfluss von Reliefunterschieden (kein Gebirge dazwischen). Außerdem ist der Höhenunterschied zwischen den Stationen mit 107 m sehr gering.

Ausgangspunkt ist das niederländische De Kooy in der Nähe von Den Helder. Es liegt direkt an der Nordsee auf 0 m Meereshöhe. Zwischenhalt liegt in Berlin-Dahlem. Endstation ist Warschau, die etwa im Grenzsaum zum kontinentalen Klima liegen müsste. Die nachfolgende Tabelle vergleicht die relevanten Werte.

Stationsname	De Kooy	Berlin-Dahlem	Warschau	DeKooy - Warschau
Lage	52°55'N 4°47'E	- 52°28'N 13°18'E	- 52°10'N 20°28'E	-
Höhe [m NN]	0	51	107	107m
Jahressumme NS [mm]	758	578	519	-31%
Durchschnittstemperatur [°C]	9,4	9,2	7,8	-1,6°C
kältester Monat [°C]	Feb 2,6	Jan 0,5	Jan -3,3	-5,9°C
wärmster Monat [°C]	Aug 16,6	Jul 18,4	Jul 17,9	1,3°C
Amplitude [°C]	14	17,9	21,2	51%

Tab. 1: Vergleich der Werte der Klimastationen in De Kooy (NL), Berlin-Dahlem (D) und Warschau (PL).

Eigener Entwurf, Daten aus www.klimadiagramme.de, Abrufdatum 21.04.2005

Aus der Tabelle 1 wird deutlich, dass sich Mitteleuropa zusätzlich zur im Kapitel 3.1 behandelten reliefabhängigen Gliederung von West nach Ost, sehr stark von maritim nach kontinental gliedern lässt. Kennzeichen dafür sind bei den drei betrachteten Stationen stark abnehmender Jahresniederschlag (um 31%), abnehmende Durchschnittstemperatur, abnehmende Temperatur des kältesten Monats, zunehmende Temperatur des wärmsten Monats und v.a. die enorm zunehmende Jahresamplitude der Temperatur, die stellvertretend für den Temperaturunterschied zwischen Sommer und Winter ist. Dieser ist im Winter größer als im Sommer.

Der Einfluss des Atlantiks, bzw. der Nordsee im Norden und Nordwesten Mitteleuropas ist am maritimen Charakter der Daten der entsprechenden Klimastationen deutlich erkennbar. Das Fehlen größerer Wassermassen im Osten verursacht eine zunehmende Kontinentalität, wobei steuernde Druckgebiete in Nord- und Osteuropa vermehrt an Einfluss gewinnen; analog dazu erreicht die Frontalzone mit ihren Zyklonenbahnen weitaus seltener den Osten Mitteleuropas, als die westlichen und nordwestlichen Teile. Die zonale Gliederung wird auch durch den Vergleich der jährlichen Niederschlagssummen der Staatsgebiete von Deutschland und Polen deutlich. Beim ersteren sind es knapp 800 mm pro Jahr, im Falle Polens nur noch etwa 600 mm (vgl. KONDRACKI, J.(2002): 20).

Einen Zwischencharakter haben Gebiete an der Ostsee. Die zonal bedingte Kontinentalität wird durch den mildernden Einfluss der Ostsee abgeschwächt. So nehmen die Niederschläge leicht zu, während die Temperaturamplitude leicht abgeflacht wird. Die Niederschlagshöhen sind an fast allen Stationen höher als ein Landesdurchschnitt, wie z.B. im Fall von Polen (betrachtete Stationen: Koszalin, Hel, Elbląg; auf www.klimadiagramme.de, 21.04.2005). Aufgrund der kleineren Wassermasse der Ostsee, geschieht das jedoch nicht im vergleichbaren Maße, wie es bei Stationen am Atlantik/Nordsee zu beobachten ist, und die Ostseeküste ist natürlich selbst ebenfalls von der zonal zunehmenden Kontinentalität geprägt (vgl. KONDRACKI, J.(2002): 20, 61). Außerdem frieren Teile der Ostsee im Winter oft zu, so dass der leicht maritime Einfluss im Winter nicht so deutlich ist.

Als weitere Beispiele für die zonale klimatische Gliederung Mitteleuropas gelten positionsähnliche Mittelgebirgsräume. Hierbei ist eine Abnahme der durchschnittlichen Niederschlagssummen mit zunehmender zonaler Distanz vom Atlantik zu beobachten. So empfängt beispielsweise die Erzgebirgs-Gipfelstation auf dem Fichtelberg trotz erheblich größer Höhenlage um 23% geringere durchschnittliche Jahresniederschläge als die Gipfelstation auf dem Kahlen Asten im Rheinischen Schiefergebirge. Analog dazu erhält die Luvseite des rechtsrheinischen Schiefergebirges (Lüdenscheid) um 66% mehr Niederschlag als das niveaugleiche Chemnitz im Weststaubereich des Erzgebirges (vgl. HENDL, M. (2002): 77-78).

Hygroklimatisch lässt sich Mitteleuropa von perhumid bis subhumid gliedern. Im Westen und Norden herrscht moderathumides Klima vor, in der Mitte oft ein schwachhumides Klima. In manchen küstennahen Bereichen trifft man auf humides Klima, dasselbe gilt für Mittelgebirgsvorländer. In den höheren Zonen der Gebirge ist meist das perhumide Klima das dominierende. Etwa ab der ehemaligen deutsch-deutschen Grenze, nimmt das Klima ostwärts einen subhumiden Charakter an (vgl. HENDL, M. (2002): 118-119).

3.3 Der Alpenraum

Der Alpenraum lässt sich in drei Klimaprovinzen gliedern: die westlich maritime, die östlich kontinentale und die südlich mediterrane, wobei das Relief ein komplexes dreidimensionales Klimagefüge erzeugt. Aufgrund der Tatsache, dass die im wesentlichen zonale Streichrichtung des Gebirges den planetarischen Nord-Süd-Wandel verschärft, kann man vier separate Klimaräume der West- und Ost-, sowie der Nord- und Südalpen ableiten. Zusätzlich dazu bildet die Innenzone einen eigenständigen Bereich, v.a. im Hinblick auf den Niederschlag. Bei den nachfolgenden Ausführungen über die Alpen als Hochgebirge sind stets zwei Effekte von ganz besonderer Bedeutung: die hypsometrische thermisch-hygrische Gliederung, sowie Luv- und Leeeffekte.

Die Westalpen zeigen einen Übergangscharakter zwischen einem Sommerregengebiet mitteleuropäischen Typs, und dem Herbst- bzw. Winterregengebiet der Provence. Ein stabilisierender Einfluss des Mittelmeeres, die südliche Lage und die Nähe zum Azorenhoch machen sich bereits bemerkbar. Dabei steht der Bogen der Westalpen quer zur Hauptströmungsrichtung aus dem Westen, was ergiebige Niederschläge mit sich bringt. Entsprechend groß ist aber auch der Unterschied zwischen stark beregneten Außenbereichen und der mit der Entfernung zunehmend trockenen Talräumen und Becken (Massivcharakter der Westalpen).

Der Nordalpenrand ist aufgrund des zuverlässigen Westwetters ein Bereich geringer Niederschlagsvariabilität. Das Gebiet liegt bei auftretender gemischter, meridionaler Nord-

Nordwestzirkulation im Luv. Die Stauwirkung beginnt weit im Alpenvorland, in Bayern nimmt der Niederschlag von etwa 650 mm an der Donau bis auf 1400 mm am Alpenfuß zu. Besonders stark beregnet sind die trichterförmigen, nach Norden ausgerichteten Taleingänge. Es herrscht ein klares Sommermaximum vor. Der Bregenzer Wald, die Allgäuer Alpen und das Salzkammergut gelten als „Regenfänger". Eine weitere, v.a. thermische Besonderheit ist der trocken-warme Föhn, der besonders stark bei Südwetterlagen auftritt. In Oberstdorf wird dieser an im Mittel etwa 90 Stunden im Jahr, bei einem Maximum von ca. 160 Stunden im Jahr, registriert (vgl. HENDL, M. (2002): 111).

Die Südalpen werden durch Kaltluftvorstöße nur noch in stark abgeschwächter und föhniger Form erreicht. Der mittlere Bewölkungsgrad liegt hier bei 50%, im Vergleich zu 65% auf der Nordseite, wobei das Jahresmittel der Temperatur in gleicher Meereshöhe etwa 2°C höher ist. Der generelle Schutz erhöht die Sonnenscheindauer im Vergleich zu den Nordalpen erheblich. Niederschläge treten v.a. im Frühjahr und Herbst auf, wenn es bei meridionalen Wetterlagen zu einem Südstau kommt. Die Qualität des Niederschlages unterscheidet sich dabei in ihrer zeitlichen Verteilung vom dem Pendant auf der Nordseite. Gleich hohe oder höhere Niederschlagssummen sind auf viel weniger Tage verteilt, was oft Starkniederschlag bedeutet. Diese erreichen die höchsten Werte im gesamten Alpenraum.

Die Ostalpen sind der niedrigste und kontinentalste Teil des Alpenraumes. Die Temperaturamplitude ist wesentlich höher, die Niederschlagswerte geringer als im Westteil der Alpen. Die vielen Längstalfurchen und die starke Kammerung ermöglichen die Bildung von Kaltluftseen, was langanhaltende Schneebedeckung begünstigt. Die sommerliche Gewitterneigung ist in diesem Raum besonders hoch, v.a. im Grazer und Klagenfurter Becken. Eine weitere Besonderheit ist die Düsenwirkung des zwischen Alpen und Karpaten liegenden Wiener Beckens. Hier werden Spitzenböen gemessen, die ansonsten nur bei Föhnstürmen oder auf Gipfelstationen auftreten.

Die zentralen Gipfel der Innenalpen sind den niederschlagsbringenden Luftmassen aus allen Richtungen frei exponiert. Der Niederschlag steigt mit der Höhe und erreicht ein Maximum von etwa 3500 mm pro Jahr. Bei meridionalen Strömungsrichtungen entstehen kräftige Föhneffekte, der Südföhn ist hierbei aufgrund des höheren Ausgangstemperaturniveaus und höheren Wasserdampfgehaltes effektiver. So weist Altdorf am Vierwaldstätter See 64 Föhntage pro Jahr auf, Innsbruck in etwa 60 Föhntage (vgl. dazu Oberstdorf: 20 Tage). Die Tallagen können im Sommer hohe Temperaturmaxima aufweisen und sind sonnenscheinreich, da sich die Bewölkung auf Gipfelbereiche konzentriert. Viele Längstäler sind durch Gebirgsketten geschützt, so dass sie im Leebereich liegen und verhältnismäßig trocken sind (z.B. Wallis mit 530 mm/a und Inntal mit 600-800 mm/a). Die Hochtäler sind aufgrund von Schneebedeckung im Allgemeinen sehr nebelarm und sonnenscheinreich (z.B. Davos oder Badgastein). Bei günstiger Südexposition können sogar Wein- und Obstkulturen bis zu einer Höhe von 1000m angelegt werden.

(Kap. 3.3. falls nicht anders angegeben vgl. WEISCHET, W.; ENDLICHER, W. (2000): 77-95)

4   Zusammenfassung

Die vorliegende Arbeit beschäftigt sich mit der klimatischen Gliederung Mitteleuropas. Im Fokus der Betrachtung stehen die breitenkreisabhängige, die reliefabhängige, und die zonale Gliederung (Land-Meer-Verteilung). Der Alpenraum wird als eigenständiges Element behandelt. Andere Differenzierungen wie z.B. phänologische, oder thermisch-hygrisch-dynamische hätten den Rahmen der Arbeit gesprengt, so musste auf diese verzichtet werden.

Mitteleuropa liegt klimatisch im Übergangsraum zwischen maritimen westeuropäischen und kontinentalen osteuropäischen Klimaten. Die Niederschlagsmenge nimmt von West nach Ost ab, die Jahresamplitude der Temperatur hingegen zu. Das Gebiet befindet sich unter dem Einfluss der Westwinddrift der Mittelbreiten, so dass abhängig von der vorherrschenden Wetterlage, die Zyklonenbahnen der Frontalzone quer durch Mitteleuropa verlaufen und klimabestimmend sind. Die weiträumige meridionale Erstreckung führt zu Differenzierungen in der Einstrahlung, wobei diese von Nord nach Süd zunimmt. Hinzu kommt die von Nord nach Süd im Schnitt stark zunehmende Reliefenergie, die eine weitere klimatische Gliederung des Raumes notwendig macht. Dabei stehen Lee- und Luveffekte, mit ihren thermalen Einflüssen und den Auswirkungen auf Niederschlagsintensitäten und Bewölkungsgrade im Vordergrund.

5 Literaturverzeichnis

BÄR, O. (1977): *Geographie Europas.* Zürich

GERSTENGARBE, F.-W.; WERNER, P.C. (1999): *Katalog der Großwetterlagen Europas (1881-1998). Nach Paul Hess und Helmuth Brezowsky.* 5.Auflage. Potsdam, Offenbach a.Main. Internetversion: www.pik-potsdam.de/~uwerner/gwl/gwl.pdf. Abrufdatum: 02.01.2005.

HENDL, M. (2002): "Klima". In: Liedtke, Herbert und Marcinek, Joachim (Hrsg.): *Physische Geographie Deutschlands.* Gotha. S. 17-126.

KONDRACKI, J.(2002): *Geografia regionalna Polski.* Warszawa.

LAUER, W. (1999): *Klimatologie.* Braunschweig.

LEHMANN (Hrsg.) (1978): *Europa.* München.

WEISCHET, W.; ENDLICHER, W. (2000): *Regionale Klimatologie. Teil 2: Die Alte Welt. Europa, Afrika, Asien.* Stuttgart.

WESTERMANN (Hrsg.) (2002): *Diercke Weltatlas.* Braunschweig.